ICS 27.100
J 98
备案号：47904-2015

中华人民共和国电力行业标准

DL/T 764—2014
代替 DL/T 764.1—2001

电力金具用杆部带销孔六角头螺栓

Hexagon head bolts with split pin hole on shank for electric power fittings

2014-10-15 发布　　　　　　　　　　　　　　　　　　2015-03-01 实施

国家能源局　　发　布

DL/T 764—2014

目 次

前言 ··· II
1 范围 ·· 1
2 规范性引用文件 ··· 1
3 型式与尺寸 ··· 1
4 技术条件 ·· 4
5 标志和标记 ··· 5
6 验收和包装 ··· 5

I

前 言

本标准依据 GB/T 1.1—2009《标准化工作导则 第 1 部分：标准的结构和编写》的规则起草。
本标准代替 DL/T 764.1—2001《电力金具专用紧固件 六角头带销孔螺栓》，与 DL/T 764.1—2001《电力金具专用紧固件 六角头带销孔螺栓》相比，除编辑性修改外，本标准主要变化如下：
——修改标准名称；
——螺纹规格扩大至 M64；
——增加了配套用螺母的要求；
——增加了 10.9 级产品，取消了 4.6 级产品。
本标准由中国电力企业联合会提出。
本标准由全国架空线路标准化技术委员会（SAC/TC 202）归口。
本标准主要起草单位：中国电力科学研究院、国网智能电网研究院。
本标准参加起草单位：国网智能电网研究院、国家电网公司交流建设分公司、国网河南省电力公司电力科学研究院、河北信德电力配件有限公司、中国电力建设集团河南电力器材公司、中国能源建设集团南京线路器材厂、浙江海力集团、潍坊华美标准件有限公司。
本标准主要起草人：李现兵、陈新、王正寅、聂京凯、刘胜春、牛海军、武英利、梅文明、王力争、杨晓辉、叶剑芳、雍建华、江云锋、韩兴礼。
本标准的历次版本发布情况为：
——DL/T 764.1—2001、SD 25—1982《六角头带销孔螺栓（粗制）》。
本标准在执行过程中的意见或建议反馈至中国电力企业联合会标准化管理中心（北京市白广路二条一号，100761）。

电力金具用杆部带销孔六角头螺栓

1 范围

本标准规定了螺纹规格为 M12～M64 的电力金具用杆部带销孔六角头螺栓的型式与尺寸、技术条件、标志和标记、验收和包装。

本标准适用于电力金具用杆部带销孔六角头螺栓。

2 规范性引用文件

下列文件对于本文件的应用是必不可少的。凡是注日期的引用文件，仅所注日期的版本适用于本文件。凡是不注日期的引用文件，其最新版本（包括所有的修改单）适用于本文件。

GB/T 196　普通螺纹　基本尺寸
GB/T 197　普通螺纹　公差
GB/T 3103.1　紧固件公差　螺栓、螺钉和螺母
DL/T 284　输电线路杆塔及电力金具用热浸镀锌螺栓与螺母
DL/T 764.2　电力金具用闭口销
DL/T 768.7　电力金具制造质量　钢铁件热镀锌层

3 型式与尺寸

六角头螺栓的主要型式见图1，螺栓尺寸、销孔与闭口销配合要求见表1，杆部带销孔六角头螺栓 l、l_g 尺寸见表2。

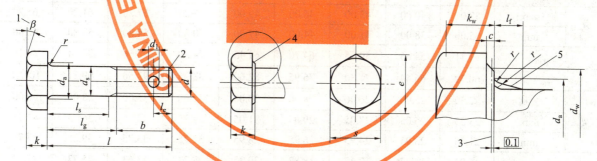

1—$\beta=15°\sim30°$；2—无特殊要求的末端；3—d_w 的仲裁基准；4—允许的垫圈面型式；5—圆滑过渡

图1　带销孔六角头螺栓尺寸示意图

表1　螺栓尺寸、销孔与闭口销配合要求　　　　　　　　　　　　　　　　　　　　mm

螺纹规格 d		M12	M16	M18	M20	M22	M24	M27	M30	M33
P		1.75	2.00	2.50	2.50	2.50	3.00	3.00	3.50	3.50
b_{min}		25.00	25.00	30.00	35.00	35.00	35.00	40.00	45.00	50.00
c_{max}		0.60	0.80	0.80	0.80	0.80	0.80	0.80	0.80	0.80
$d_{a\,max}$		14.70	18.70	21.20	24.40	26.40	28.40	32.40	35.40	38.40
d_s	max	12.70	16.70	18.70	20.84	22.84	24.84	27.84	30.84	34.00
	min	11.30	15.30	17.30	19.16	21.16	23.16	26.16	29.16	32.00

1

表1（续）

螺纹规格 d		M12	M16	M18	M20	M22	M24	M27	M30	M33
$d_{w\,min}$		16.47	22.00	24.85	27.70	31.35	33.25	38.00	42.75	46.55
e_{min}		19.85	26.17	29.56	32.95	37.29	39.55	45.20	50.85	55.37
k	公称	7.50	10.00	11.50	12.50	14.00	15.00	17.00	18.70	21.00
	max	7.95	10.75	12.40	13.40	14.90	15.90	17.90	19.75	22.05
	min	7.05	9.25	10.60	11.60	13.10	14.10	16.10	17.65	19.95
$k_{w\,min}$		4.94	6.48	7.42	8.12	9.17	9.87	11.27	12.36	13.97
r_{min}		0.60	0.60	0.60	0.80	0.80	0.80	1.00	1.00	1.00
s	公称=max	18.00	24.00	27.00	30.00	34.00	36.00	41.00	46.00	50.00
	min	17.57	23.16	26.16	29.16	33.00	35.00	40.00	45.00	49.00
$l_{f\,max}$		3.00	3.00	3.00	4.00	4.00	4.00	6.00	6.00	6.00
闭口销		按DL/T 764.2规定								
销孔 d_1	max	4.1	6.1					7.7		
	min	3.8	5.8					7.3		
闭口销型号		2.8A型	3.6B型		3.6C型			4.6D型		
l_e		6	8					10		

注：P为螺距。

螺纹规格 d		M36	M39	M42	M45	M48	M52	M56	M60	M64
P		4.00	4.00	4.50	4.50	5.00	5.00	5.50	5.50	6.00
b_{min}		50.00	55.00	55.00	60.00	60.00	70.00	70.00	75.00	80.00
c_{max}		0.80	1.00	1.00	1.00	1.00	1.00	1.00	1.00	1.00
$d_{a\,max}$		42.40	45.40	48.60	52.60	56.60	62.60	67.00	71.00	75.00
d_s	max	37.00	40.00	43.00	46.00	49.00	53.20	57.20	61.20	65.20
	min	35.00	38.00	41.00	44.00	47.00	50.80	54.80	58.80	62.80
$d_{w\,min}$		51.11	55.86	59.95	64.70	69.45	74.20	78.66	83.14	88.16
e_{min}		60.79	66.44	71.30	76.95	82.60	88.25	93.56	99.21	104.86
k	公称	22.50	25.00	26.00	28.00	30.00	33.00	35.00	38.00	40.00
	max	23.55	26.05	27.05	29.05	31.05	34.25	36.25	36.75	41.25
	min	21.45	23.95	24.95	26.95	28.95	31.75	33.75	39.25	38.75
$k_{w\,min}$		15.02	16.77	17.47	18.87	20.27	22.23	23.63	25.73	27.13
r_{min}		1.00	1.00	1.20	1.20	1.60	1.60	2.00	2.00	2.00
s	公称=max	55.00	60.00	65.00	70.00	75.00	80.00	85.00	90.00	95.00
	min	53.80	58.80	63.10	68.10	73.10	78.10	82.80	87.80	92.80
$l_{f\,max}$		6.00	6.00	8.00	8.00	10.00	10.00	12.00	12.00	13.00
闭口销		按DL/T 764.2规定								
销孔 d_1	max	7.7	9.2					9.2		
	min	7.3	8.8					8.8		
闭口销型号		4.6D型	5.6E型				5.6F型		5.6G型	
l_e		10	12				15			

注：P为螺距。

表 2　　　　　　　　　　　　杆部带销孔六角头螺栓 l、l_g 尺寸　　　　　　　　　　　　　　　mm

公称	l min	l max	夹紧长度 l_g M12	M16	M18	M20	M22	M24	M27	M30	M33
40	38.75	41.25	19	15	13	12					
45	43.75	46.25	24	20	18	17	14	14			
50	48.75	51.25	29	25	23	22	19	19	15	14	
55	53.5	56.5	34	30	28	27	24	24	20	19	
60	58.5	61.5	39	35	33	32	29	29	25	24	
65	63.5	66.5	44	40	38	37	34	34	30	29	
70	68.5	71.5	49	45	43	42	39	39	35	34	
75	73.5	76.5		50	48	47	44	44	40	39	
80	78.5	81.5		55	53	52	49	49	45	44	
85	83.25	86.75		60	58	57	54	54	50	49	
90	88.25	91.75		65	63	62	59	59	55	54	
95	93.25	96.75		70	68	67	64	64	60	59	
100	98.25	101.75			73	72	69	69	65	64	60
110	108.2	111.7			83	82	79	79	75	74	70
120	118.2	121.7			93	92	89	89	85	84	80
130	128	132					99	99	95	94	90
140	138	142					109	109	105	104	100
150	148	152							115	114	110
160	156	164							125	124	120
170	166	174							135	134	130
180	176	184							145	144	140
190	185.4	194.6							155	154	150
200	195.4	204.6							165	164	160

公称	l min	l max	夹紧长度 l_g M36	M39	M42	M45	M48	M52	M56	M60	M64
180	176	184	136	133	130	130	125				
190	185.4	194.6	146	143	140	140	135				
200	195.4	204.6	156	153	150	150	145	142			
210	205.4	214.6	166	163	160	160	155	152			
220	215.4	224.6	176	173	170	170	165	162	157		
230	225.4	234.6	186	183	180	180	175	172	167		
240	235.4	244.6	196	193	190	190	185	182	177	174	
250	245.4	254.6	206	203	200	200	195	192	187	184	
260	254.8	265.2	216	213	210	210	205	202	197	194	189

表2（续）

l 公称	l min	l max	夹紧长度 l_g M36	M39	M42	M45	M48	M52	M56	M60	M64
270	264.8	275.2	220	223	220	220	215	212	207	204	199
280	274.8	285.2	230	233	230	230	225	222	217	214	209
300	294.8	305.2		253	250	250	245	242	237	234	229
320	314.3	325.7		273	270	270	265	262	257	254	249
340	334.3	345.7		293	290	290	285	282	277	274	269
360	354.3	365.7		313	310	310	305	302	297	294	289
380	374.3	385.7				330	325	322	317	314	309
400	394.3	405.7				350	345	342	337	334	329
420	413.7	426.3				370	365	362	357	354	349
440	433.7	446.3				390	385	382	377	374	369
460	453.7	466.3						402	397	394	389
480	473.7	486.3						422	417	414	409

注1：P—螺距。
注2：l_g—末一扣完整螺纹至支承面的最大长度（包括螺纹收尾），因而也是最小夹紧长度，$l_g = l - b$。
注3：l_s—最小无螺纹杆部长度，$l_s = l_g - 3P$。
注4：表中 l_g 为参考尺寸，设计者可根据需要设计本表以外的尺寸。

4 技术条件

4.1 材料

4.8级和6.8级螺栓采用碳素结构钢制造，8.8级和10.9级螺栓采用合金结构钢制造。

4.2 螺纹

4.2.1 螺纹标准

螺纹标准按 GB/T 196 和 GB/T 197 中的规定执行。

4.2.2 螺纹公差

4.8级螺栓螺纹公差为6g，6.8级、8.8级和10.9级螺栓螺纹公差为8g。

4.3 尺寸公差

螺纹尺寸公差按 GB/T 3103.1 的 C 级规定要求执行。

4.4 销孔

销孔尺寸应符合表1的规定，销孔两端应去掉影响销子通入的毛刺。

4.5 机械性能

规定的性能等级：4.8级、6.8级、8.8级和10.9的机械性能应符合 DL/T 284 的规定要求。

4.6 热浸镀锌

热浸镀锌按照 DL/T 768.7 的规定执行。

4.7 表面缺陷

表面缺陷按照 DL/T 284 的规定执行。

4.8 配套螺母

配套用螺母按照 DL/T 284 的规定执行，如采用镀锌前攻丝，需方应在协议中明确。

5 标志和标记

5.1 标志

杆部带销孔螺栓应在六角头顶面用凸字或凹字制出性能等级标记代号和制造者的识别标志(见图2)。

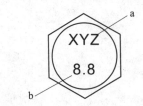

a—制造者识别标识；b—性能等级

图2 杆部带销孔六角头螺栓头部标志示例

5.2 标记

杆部带销孔六角头螺栓标记方式见图3。

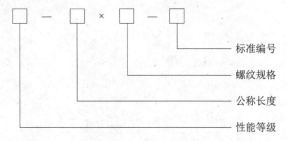

图3 杆部带销孔六角头螺栓标记方式

示例：

螺纹规格 d=M20，公称长度 l=80，性能等级为8.8级的杆部带销孔六角头螺栓的标记为：

螺栓 DL/T 764.1—M20×80—8.8

6 验收和包装

6.1 验收检查

验收按照 DL/T 284 的规定执行。

6.2 包装与标识

包装按照 DL/T 284 的规定执行。

中 华 人 民 共 和 国
电 力 行 业 标 准
电力金具用杆部带销孔六角头螺栓
DL/T 764—2014
代替 DL/T 764.1—2001

*

中国电力出版社出版、发行
（北京市东城区北京站西街 19 号　100005　http://www.cepp.sgcc.com.cn）
北京博图彩色印刷有限公司印刷

*

2015 年 3 月第一版　　2015 年 3 月北京第一次印刷
880 毫米×1230 毫米　16 开本　0.5 印张　12 千字
印数 0001—3000 册

*

统一书号 155123·2360　定价 **9.00** 元

敬 告 读 者
本书封底贴有防伪标签，刮开涂层可查询真伪
本书如有印装质量问题，我社发行部负责退换
版 权 专 有　翻 印 必 究

155123.2360